# 香港四季色

《香港四季色 —— 身邊的植物學：夏》
作者：劉大偉、王天行、吳欣娘
編輯：王天行
3D 模型師：王顥霖

封面及內頁插畫：陳素珊
詞彙表繪圖：潘慧德

國際統一書號 (ISBN)：978-988-237-302-0

出版：香港中文大學出版社
香港新界沙田 · 香港中文大學
傳真：+852 2603 7355
電郵：cup@cuhk.edu.hk
網址：cup.cuhk.edu.hk

*Botany by Your Side: Hong Kong's Seasonal Colours—Summer*
By David T. W. Lau, Tin-Hang Wong and Yan-Neung Ng
Editor: Tin-Hang Wong
3D Modeler: Ho-lam Wang

Cover and inside page Illustrations: Sushan Chan
Glossary Illustrations: Poon Wai Tak

ISBN: 978-988-237-302-0

Published by The Chinese University of Hong Kong Press
The Chinese University of Hong Kong
Sha Tin, N.T., Hong Kong
Fax: +852 2603 7355
Email: cup@cuhk.edu.hk
Website: cup.cuhk.edu.hk

# 香港四季色

## ─身邊的植物學─

劉大偉、王天行、吳欣娘 編著

王顥霖 3D 模型繪圖製作

02
夏

# 目錄

序 劉大偉 /vii

關於本書 /ix

植物詞彙表 /xi

## 紅色系

桑 /p.2　　　雞蛋花 /p.6　　　鳳凰木 /p.10　　　珊瑚樹 /p.14

## 橙色系

愛氏松 /p.18

## 黃色系

杧果 /p.22　　　黃槿 /p.26　　　雙翼豆 /p.30　　　鐵刀木 /p.34

枇杷 /p.38　　　龍眼 /p.42

**綠色系**

 潺槁樹 /*p.46*

 破布葉 /*p.50*

 豺皮樟 /*p.54*

 大樹菠蘿 /*p.58*

**白色系**

 紅膠木 /*p.62*

 木荷 /*p.66*

 基及樹 /*p.70*

 白蘭 /*p.74*

 八角楓 /*p.78*

 九里香 /*p.82*

 水石榕 /*p.86*

**紫色系**

 大花紫薇 /*p.90*

 雨樹 /*p.94*

 紫薇 /*p.98*

香港中文大學校園100種植物導覽地圖　/*p.102*

團隊簡介　/*p.105*

鳴謝　/*p.107*

# 序

## 劉大偉

香港中文大學生命科學學院
胡秀英植物標本館館長

小時候我最喜愛的夏日甜點是涼粉，皆因其清涼及爽彈的口感，於是一直很好奇它的製作材料是什麼。到大學時代我參加了草藥班，才發現拿來製作黑涼粉的食材就是草本植物涼粉草，製作白涼粉的是攀援灌木薜荔，認識了這些物種的植物分類、藥物應用和食用價值的範疇後，自此每每遇見這些品種時，都別具親切感。

那麼，植物在我們心中有何角色？一般而言，大眾也許會把植物與人類的生產工具、食物、藥物、休憩場地，甚至跟朋友聯想在一起。從科學上去理解，植物是與人類共存及共同進化的生物。不論如何去理解，植物每天總會在我們身邊出現，是我們生活的必需品，甚至意想不到地能救我們一命。

涼粉草

薜荔

植物的存在如此重要，小時候雖然學校有教授自然課，但往後我們能認識植物的機會卻寥寥可數，大部分市民對植物都感到一定的陌生。要改變這種現況不容易，皆因植物學並非一門能讓人賺錢的學問，難以提起學生的興趣，植物學中的分類及鑒定目前更處於式微之際。事實上，增進大眾植物學的知識能令自然生態、食物來源、藥物開發得以持續發展，我們有必要加深了解及應用這門基礎科學，讓知識得以傳承下去。

擁有豐富的植物物種和生態環境，正是香港植物多樣性的特點，為研究、保育及教育提供了十分優良的條件。由於多樣性的植物是香港的寶貴資源，順理成章成為胡秀英植物標本館最佳的研究和出版題材。它們生長於郊

區、市區、行人道旁、公園、校園等空間，是我們每天都能接觸到和與之互動的。能進一步認識這些本地的物種，尤其是正確名稱、生長狀態、花果期、生態、民俗植物學、趣聞等資訊，都有助我們去了解和欣賞身旁的一草一木，人與植物共融生活在同一社區內，亦是保育生物多樣性的先決條件。

位於中文大學校園這個小社區內，已記錄超過300種植物品種，包括原生及觀賞種，組成不同類型的植被：次生林、河旁植被、草坡、農地、庭園、藥園等，在中大校園內遊覽，已經可以學習到豐富的植物物種。多樣化的物種所展現的花、果、葉各種色彩，使校園像一幅不同色系的風景畫般，隨著四季變換持續地帶給我們新鮮感，這正是中大校園的特色及悠然之處。

本套書以四季做為分冊，輯錄了香港市區及郊野常見的100種植物，亦是生長在中大校園內的主要品種，以開花季節、花色、果色、葉色做為索引，讀者即使不清楚植物的名稱，循線便可尋得品種及其科學資訊。更可透過本館所製作果實和種子的高清3D結構模型圖，以及由VR記錄的生長狀況，用嶄新的角度去認識植物。本書及本館的網上資料庫，糅合欣賞、科研和學習的功能，讀者於不同季節到訪中文大學，都可運用本書為導覽，親身欣賞到各種植物的自然生長環境和開花結果的情況，並與書做對照。

植物一直默默陪伴在身邊而我們卻總是視而不見，期待本書能重新把人和植物連結起來；只要我們用心顧盼，越是了解便越會尊重與珍視植物，使得香港植物的多樣性能一直保存下去。

# 關於本書

有別於一般專業植物分類學鑒別圖鑑，本書透過淺白的文字，以植物在季節的突出顏色變化，為大眾市民探索一直與我們一起生活的100種植物。當中包括原生及外來的不同品種，喬木、灌木及攀援等不同的生長形態，具有比彩虹七色更豐富的不同色彩。還為每個品種的葉、花、果及莖或樹幹的簡易辨認特徵，配以相關辨認特徵的高清照片，讓讀者更容易在香港各種類型的社區裏尋找到它們的蹤影。本書有助大眾了解植物分類學及增進生物多樣性的基礎知識。

## 本書特點

- **如何快速查找植物：**按季節分成春、夏、秋、冬四冊，每冊依據各品種最為突出的顏色 (花色、果色或葉色)：紫、紅、橙、黃、綠、白或灰色系編排，讓讀者便捷地找到相關品種的資料，以直觀的方式代替傳統的科學分類檢索方法。

- **關於每個品種，你會學到：**以四頁篇幅介紹每個品種，包括：品種的中英文常用名稱、學名與科名；「關於品種」扼要描述品種的用途、民俗植物知識等；「基本特徵資料」條列各品種的生長形態、葉、花、果的形狀和顏色等辨認特徵。每個品種均配上大量以不同角度與焦距拍攝的照片，清楚展示植物結構，輔以簡明的圖說，介紹品種的生長特徵和環境。

- **增加中英文詞彙量：**附有植物特徵的中英文詞彙，認識植物學之餘同時輕鬆學習相關詞彙。

- **數碼互動：**每個品種均有「植物在中大」和「3D植物模型」二維碼，透過數碼互動媒體，讀者能觀賞到植物所處的生態環境，和果實種子等的立體結構、大小和顏色。

## ❀ 夏季

夏季來臨，有不少植物開始結果，也是讓人聯想到水果的季節。因此，本冊除了夏季開花的18個品種，花色包括紅、橙、黃、綠、白、紫等色系之外，還收錄了7個果實顏色顯著的品種，包括紅、橙、黃、綠等色系，全冊共載25種。

本書使用的分類系統以被子植物 APG IV 分類法為準，植物學名、特徵及
相關資訊的主要參考文獻：

- 中國科學院植物研究所系統與進化植物學國家重點實驗室：iPlant.cn 植物智
  https://www.iplant.cn/
- Hong Kong Herbarium: HK Plant Database
  https://www.herbarium.gov.hk/en/hk-plant-database
- Missouri Botanical Garden: Tropicos
  https://www.tropicos.org/
- Royal Botanic Gardens: Plant of the World Online
  https://powo.science.kew.org/
- World Flora Online
  http://www.worldfloraonline.org/

植物藥用資訊參考：

- 香港浸會大學：藥用植物圖像數據庫
  https://library.hkbu.edu.hk/electronic/libdbs/mpd
- 香港浸會大學：中藥材圖像數據庫
  https://library.hkbu.edu.hk/electronic/libdbs/mmd/index.html

植物結構顏色定義參考：

- 英國皇家園林協會 RHS 植物比色卡 第 6 版（2019 重印）
- Henk Beentje (2020). *The Kew Plant Glossary: An illustrated
  dictionary of plant terms.* Second Edition. Kew Publishing.
- 維基百科 —— 顏色列表
  https://zh.wikipedia.org/zh-hk/顏色列表
- Color meaning by Canva.com
  https://www.canva.com/colors/color-meanings/
- The Colour index
  https://www.thecolourindex.com/

# 植物詞彙表

**I.**
**葉形**

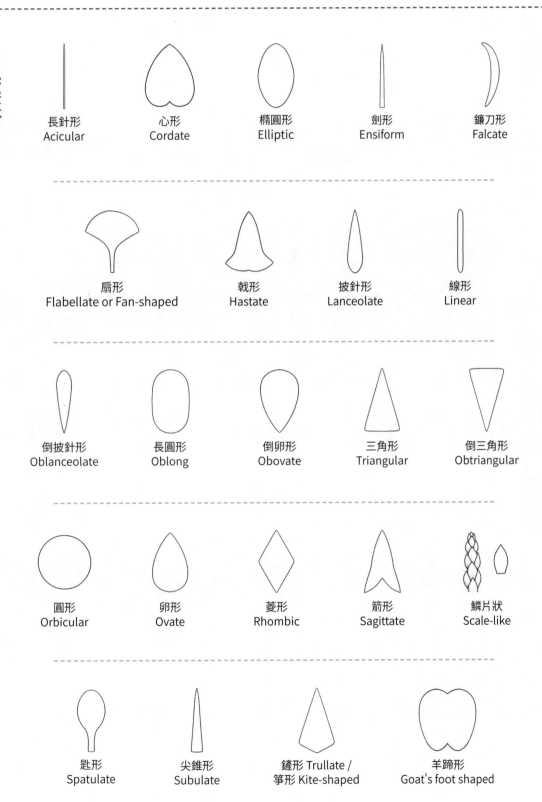

長針形
Acicular

心形
Cordate

橢圓形
Elliptic

劍形
Ensiform

鐮刀形
Falcate

扇形
Flabellate or Fan-shaped

戟形
Hastate

披針形
Lanceolate

線形
Linear

倒披針形
Oblanceolate

長圓形
Oblong

倒卵形
Obovate

三角形
Triangular

倒三角形
Obtriangular

圓形
Orbicular

卵形
Ovate

菱形
Rhombic

箭形
Sagittate

鱗片狀
Scale-like

匙形
Spatulate

尖錐形
Subulate

鏟形 Trullate /
箏形 Kite-shaped

羊蹄形
Goat's foot shaped

## II. 果實形狀

盤狀
Discoid

長圓狀
Obloid

紡錘狀
Fusiform

球狀
Globose

晶體狀
Lenticular

倒卵狀
Obovoid

卵狀
Ovoid

扁橢圓球狀
Oblate ellipsoid

垂直橢圓球狀
Prolate ellipsoid

梨狀
Pyriform

半球狀
Semiglobose

近球狀
Subglobose

三角形球狀
Triangular-globose

陀螺狀
Turbinate

平面帶狀
Strap-shaped

## III. 花序形狀

頭狀花序
Capitulum / Head

複二歧聚傘花序
Compound dichasium

傘房花序
Corymb

聚傘花序
Cyme

簇生
Fascicle

隱頭花序
Hypanthodium

圓錐花序
Panicle

總狀花序
Raceme

肉穗花序
Spadix

穗狀花序
Spike

傘形花序
Umbel

02

夏

# 桑

中文常用名稱： **桑**
英文常用名稱： **White Mulberry**
學名　　　　： *Morus alba* L.
科名　　　　： **桑科 Moraceae**

## 關於桑

桑是香港的原生品種，在次生林緣、村旁及風水林都有分布。在歐亞地區常有栽培，其一變種名為白桑，葉較大，肉厚多汁，是家蠶的良好飼料。桑全株都是入藥材料：桑白皮（根皮）瀉肺平喘，利水消腫；桑葉疏散風熱，清肺潤燥；桑椹補血滋陰，生津潤燥；桑枝（嫩枝）祛風濕，利關節。近年亦有不少研究桑在腸道細菌平衡、消炎及血糖控制的新發現，有助開發成新類型藥物。

# 基本特徵資料

## 生長形態

落葉灌木或喬木
Deciduous Shurb or Tree

## 樹幹

- 淺灰褐色 Pale greyish brown
- 具淺裂紋 Slightly fissured
- 沒有剝落 Not flaky

## 葉

- 葉序：互生 Alternate
- 複葉狀態：單葉 Simple leaf
- 葉邊緣：具齒 Teeth present
- 葉形：卵形或闊卵形 Ovate or boardly ovate
- 葉質地：紙質 Papery

卵形

## 花

- 主要顏色：白色 White ○
- 花期： 1 2 3 4 5 6 7 8 9 10 11 12

雄花

## 果

- 形狀：聚花果長圓狀 Multiple fruit obloid
- 主要顏色：深紅紫色 Burgundy ●
- 果期： 1 2 3 4 5 6 7 8 9 10 11 12

## 其他辨認特徵

- 葉基圓形或近心形

3

❶ 花非常細小，分雌雄花，長於不同植株。圖中為雌花，柱頭分開兩邊。

❷ 花受粉後，正發育成為果實時的狀態。

❸ 雄花聚集的花序，具多個花序的枝條，而黃色的結構是成熟的花藥。

❹ 果實是由很多小花發育而成的聚花果，又稱桑椹。

❺ 果實逐漸成熟時，會由紅色逐漸轉為成熟時的深紅紫色。

❻ 桑樹是很多不同昆蟲的主要寄主植物，圖中為一種蛾的幼蟲在吃葉子。

❼ 樹冠茂密，樹身可高達 10 米。

❽ 主要是農作物及栽培品種，也作為觀賞種。圖中植株位於中大中藥園。

❾ 葉時有不同分裂狀態。

植物在中大

在 VR 虛擬環境中觀賞真實品種

3D植物模型

掃描 QR code 觀察立體結構

參考文獻

1. Guo, S., Liu, S., Meng, J., Gu, D., Wang, Y., He, D., & Yang, Y. (2023). Dual-target affinity analysis and separation of α-amylase and α-glucosidase inhibitors from *Morus alba* leaves using a magnetic bifunctional immobilized enzyme system. *Biomedical Chromatography, 37*(3), Article e5571. https://doi.org/10.1002/bmc.5571

2. Srinontong, P., Kathanya, J., Juijaitong, P., Soontonrote, K., Aengwanich, W., Wandee, J., Peanparkdee, M., & Wu, Z. (2022). *Morus alba* L. Leaf extract exerts anti-inflammatory effect on paraquat-exposed macrophages. *Trends in Sciences, 20*(2), Article 6206. https://doi.org/10.48048/tis.2023.6206

3. Tang, C., Bao, T., Zhang, Q., Qi, H., Huang, Y., Zhang, B., Zhao, L., & Tong, X. (2023). Clinical potential and mechanistic insights of mulberry (*Morus alba* L.) leaves in managing type 2 diabetes mellitus: Focusing on gut microbiota, inflammation, and metabolism. *Journal of Ethnopharmacology, 306*, Article 116143. https://doi.org/10.1016/j.jep.2023.116143

# 雞蛋花

中文常用名稱： **雞蛋花**
英文常用名稱： Frangipani
學名　　　： *Plumeria* species
科名　　　： **夾竹桃科 Apocynaceae**

## 關於雞蛋花

雞蛋花原產地中美洲，現廣泛在熱帶及亞熱帶地區栽培為觀賞品種。本地大部分的栽培植株維持於10米高度之內，能適應不同的種植環境，其花色多樣，白、紅、粉紅、黃等，是園藝界常用的庭園品種。乾燥花朵是常用中藥材雞蛋花，清熱解暑、清腸止瀉、止咳化痰。在五花茶成分中常有以下數個品種：雞蛋花、金銀花、菊花、木棉花、葛花、夏枯草、槐花、綿茵陳等。

## 生長形態

落葉喬木 Deciduous Tree

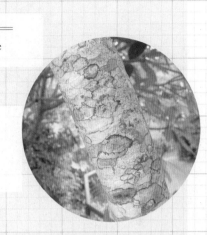

## 樹幹

- 淺綠色或灰色 Pale green or grey
- 不具裂紋 Not fissured
- 沒有剝落 Not Flaky

## 葉

- 葉序：互生 Alternate
- 複葉狀態：單葉 Simple leaf
- 葉邊緣：不具齒 Teeth absent
- 葉形：橢圓形 Elliptic
- 葉質地：革質 Leathery

## 花

- 主要顏色：淺櫻桃紅 Cerise ●
- 花期： 1 2 3 4 5 6 7 8 9 10 11 12

## 果

- 形狀：長圓狀 obloid
- 主要顏色：未成熟時綠色，成熟時黑色
  Green when young, black when ripe ●
- 果期： 1 2 3 4 5 6 7 8 9 10 11 12

## 其他辨認特徵

- 有白色乳汁
- 冬天樹枝變得光禿

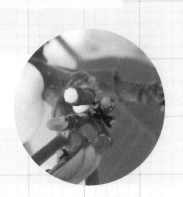

❶ 雞蛋花有多個變種，部分來自天然，部分來自栽培，擁有不同花色及花瓣形狀。圖中的品種花冠顏色由淺櫻桃紅、白色及黃色組成，花瓣相對原變種較闊，雞蛋花一般有5片花瓣。小圖為原變種。

❷ 圖中的花色組合，其白色花瓣與黃色花冠中心，令人聯想到雞蛋。

❸ 不同品種的雞蛋花，果實形態及特徵也有不同，但一般也是蓇葖果，通常成對，長圓狀及成熟時顏色深暗，看似一對角。

❹ 葉片及花只會在枝條末端長出，枝條上布滿很多半月形的凹痕，就是葉片掉落之後遺留的痕跡。

❺ 圖中可見蜜蜂正在吸取汁液。

❻ 栽種本種以園藝裝飾為主，通常以小喬木形式生長。

❼ 葉片狀似聚生枝頂。

❽ 雞蛋花以中型喬木狀態生長。

植物在中大　在VR虛擬環境中觀賞真實品種

3D植物模型　掃描QR code觀察立體結構

參考文獻

1. Bihani, T. (2021). *Plumeria rubra* L.– A review on its ethnopharmacological, morphological, phytochemical, pharmacological and toxicological studies. *Journal of Ethnopharmacology, 264*, Article 113291. https://doi.org/10.1016/j.jep.2020.113291

2. Pasaribu, T., Tobing, R. D. D. M., Kostaman, T., & Dewantoro, B. (2020). Active substance compounds and antibacterial activity of extract flower and leaves of *Plumeria rubra* and *Plumeria alba* against *Escherichia coli*. *AIP Conference Proceedings, 2296*, Article 020105. https://doi.org/10.1063/5.0030472

# 鳳凰木

中文常用名稱： **鳳凰木**
英文常用名稱： **Flame of the Forest, Flame Tree**
學名 ： *Delonix regia* **(Bojer ex Hook.) Raf.**
科名 ： **豆科 Fabaceae**

## 關於鳳凰木

鳳凰木原產地馬達加斯加，現時在熱帶至南半球都有引入為栽培。本地早年已引入此品種，廣泛植於市區、路旁及郊區設施，已為人熟悉。夏季鮮紅的廣闊傘狀的樹冠，襯托藍天，成極佳的園林景象。其樹脂能溶於水，用於工藝。仍需留意其掉落的果實，內含有毒的種子，需避免污染附近的食用水及農作物。本種的花除了觀賞外，亦能炮製成天然無害的食用染料，為食品添加鮮紅色彩。

# 基本特徵資料

## 生長形態

落葉喬木 Deciduous Tree

## 樹幹 𝍤

- 灰褐色 Greyish brown
- 具條紋 Striated
- 沒有剝落 Not Flaky

## 葉 🍃

- 葉序：互生 Alternate
- 複葉狀態：偶數二回羽狀複葉 Even-bipinnately compound leaf
- 小葉邊緣：不具齒 Teeth absent
- 小葉葉形：長圓形 Oblong
- 葉質地：紙質 Papery

## 花 ✿

- 主要顏色：猩紅色 Scarlet ●
- 花期： 1 2 3 4 5 **6 7** 8 9 10 11 12

## 果 🥒

- 形狀：帶狀 Strap-shaped
- 主要顏色：成熟時黑褐色 Blackish brown when ripe ●
- 果期： 1 2 3 4 5 6 7 **8 9 10** 11 12

## 其他辨認特徵

- 小葉葉基左右不對稱
- 較大型的植株具有板根

① 有5片像湯勺的花瓣，長約7至10厘米，在花冠下面有5片紅色萼片。

② 位於上方的花瓣上有明顯的黃白色斑紋，有時白色的部分甚至覆蓋超過一半面積以上。

③ 果實為莢果，果實逐漸成熟時果莢外殼會逐漸乾硬，有時會捲曲。

④ 成熟後會裂開成兩邊，可看見內藏多排的種子。種子長圓形，表面平滑，質地堅硬，長約15毫米。

⑤ 樹冠廣闊而且葉片茂盛，多栽種為行道樹。

⑥ 花盛放時多而繁密，覆蓋大面積的樹冠。

⑦ 在香港常見於各大小屋苑的廣場及公眾休憩處，但其樹冠生長及延展迅速，需適時修剪以避免干擾附近設施；由於寬大的樹冠容易倒塌，夏季颱風來襲時更需多加小心。

⑧ 紅花在夏季盛放時，為公園或廣場花圃增添熱情喧鬧的色彩。攝於大嶼山迪恩湖。

植物在中大　在VR虛擬環境中觀賞真實品種

３Ｄ植物模型　掃描QR code觀察立體結構

參考文獻

1. Ebada, D., Hefnawy, H. T., Gomaa, A., Alghamdi, A. M., Alharbi, A. A., Almuhayawi, M. S., Alharbi, M. T., Awad, A., Al Jaouni, S. K., Selim, S., Eldeeb, G. S., Namir, M. Characterization of *Delonix regia* flowers' pigment and polysaccharides: Evaluating their antibacterial, anticancer, and antioxidant activities and their application as a natural colorant and sweetener in beverages. *Molecules 28*(7), Article 3243. https://doi.org/10.3390/molecules28073243

# 珊瑚樹

中文常用名稱： **珊瑚樹**
英文常用名稱： Sweet Viburnum
學名　　　　： *Viburnum odoratissimum* Ker Gawl.
科名　　　　： **莢蒾科** Viburnaceae

## 關於珊瑚樹

珊瑚樹是本地原生種，於本地次生林和風水林常見。花多而密生，果實漿果狀，可作為昆蟲及雀鳥的食物來源。廣東地區民間使用鮮葉作獸醫草藥，治療牛、豬感冒和創傷。本種的觀賞應用備受重視，不少研究其病害防治、發芽管理和組織培養。其變種日本珊瑚樹對有毒氣體具有較強的抗性和吸收能力。

# 基本特徵資料

## 生長形態

常綠灌木或小喬木
Evergreen Shrub or Small Tree

## 樹幹

- 灰褐色 Greyish brown
- 不具裂紋 Not fissured
- 沒有剝落 Not Flaky

## 葉

橢圓形

倒卵形

- 葉序：對生 Opposite
- 複葉狀態：單葉 Simple leaf
- 葉邊緣：不具齒 Teeth absent
- 常見葉形：橢圓形、倒卵形或倒披針形
  Elliptic, obovate or oblanceolate
- 葉質地：革質 Leathery

## 花

- 主要顏色：黃白色 Yellowish white ○
- 花期： 1 2 **3 4** 5 6 7 8 9 10 11 12

## 果

- 形狀：卵狀 Ovoid
- 主要顏色：硃砂色 Cinnabar ●
- 果期： 1 2 3 4 **5 6 7 8 9** 10 11 12

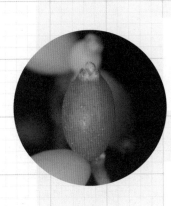

## 其他辨認特徵

- 葉面深綠色有光澤，革質
- 葉底脈腋常有簇狀毛和小孔

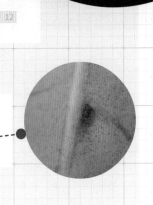

❶ 花序上，花由頂端開始開花，然後向下逐漸開花。頂端的花已開，近葉片位置的花蕾則待開。花冠無毛，通常有5片花瓣，圓卵形的花瓣開花後會向外反捲。

❷ 珊瑚樹因果序上朱紅色的果實鮮艷，果實累累，一串串如珊瑚而得名。果序主要生於枝條末端，亦可生於主幹旁邊的短枝條上。

❸ 花冠白色，後變黃白色，有時微紅。

❹ 果實為核果，長約8毫米。

❺ 葉的標本照片。本種葉形多變，可狹長或較闊，或葉尖凹陷等。

❻ 樹冠寬廣，枝條及葉片濃密。

❼ 是本港原生物種，亦常見於郊區山谷、次生林、溪旁或灌叢等生境；公園亦常有栽培。

植物在中大 在VR虛擬環境中觀賞真實品種

３Ｄ植物模型 掃描QR code觀察立體結構

參考文獻

1. Baskin, C. C., Chien, C. -T., Chen, S. -Y., & Baskin, J. M. (2008). Germination of *Viburnum odoratissimum* seeds: a new level of morphophysiological dormancy. *Seed Science Research, 18*(3), 179–184. https://doi.org/10.1017/S0960258508042177

2. Irmak, S. (2005). Crop evapotranspiration and crop coefficients of *Viburnum odoratissimum* (Ker.-Gawl). *Applied Engineering in Agriculture, 21*(3), 371–381

3. Kim, E. -M., Kang, C. -W., Lee, S. -Y., Song, K. -M., & Won, H. -K. (2016). The status of birds consuming fruits and seeds of the tree and related tree species on Jeju Island, the Republic of Korea. *Journal of Environmental Science International, 25*(5), 635–644. https://koreascience.kr/article/JAKO201616853628593.page

4. Schoene, G., & Yeager, T. (2005). Micropropagation of sweet viburnum (*Viburnum odoratissimum*). *Plant Cell, Tissue and Organ Culture, 83*(3), 271–277. https://doi.org/10.1007/s11240-005-7015-4

# 愛氏松

中文常用名稱： **愛氏松、濕地松**
英文常用名稱： Slash Pine
學名　　　　： *Pinus elliottii* Engelm.
科名　　　　： **松科 Pinaceae**

## 關於愛氏松

愛氏松原產美國東南部濕暖的低海拔地區，早年引進本地作植林之用，是可高達30米的大型喬木。能適應高濕度，可快速生長成林，對松材線蟲有一定抗性。與本地原生的馬尾松易於區別，本種的松果較大，可達13厘米，每片種鱗末端具刺狀物。在巴西有愛氏松有大規模的種植，每年收採多達15萬噸的樹脂作工業使用。

# 基本特徵資料

## 生長形態

常綠喬木 Evergreen Tree

## 樹幹

- 橙黃褐色 Fulvous
- 具裂紋 Fissured
- 有剝落 Flaky
- 不具皮刺 Prickle absent

## 葉

- 葉序：簇生 Cluster
- 複葉狀態：單葉 Simple leaf
- 葉邊緣：具齒 Teeth present
- 葉形：長針形 Acicular
- 葉質地：革質 Leathery

## 雄性球花

- 主要顏色：褐色 Brown ●
- 花期： 1 2 3 4 5 6 7 8 9 10 11 12

雄性球花

## 雌性球果

- 形狀：成熟時裂開成卵狀 Ovoid when ripe
- 主要顏色：深褐色 Sepia ●
- 果期： 1 2 3 4 5 6 7 8 9 10 11 12

雌性球果

## 其他辨認特徵

- 針葉2至3條一束
- 葉片邊緣具細鋸齒

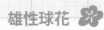

❶ 外來物種，高大喬木，在原產地美國東南部，主幹可達30米，由於是葉片針狀，樹冠並不濃密。因能抵抗松材線蟲害，及適應香港潮濕的氣候而被引入作為本港郊區「植林三寶」。70年代時主要作為植林中替代原生品種馬尾松的樹種。

❷ 雄性球花多長於枝條頂端，雄性球花柱狀。

❸ 雄性球花，有時多個雄性球花像花瓣般向四方八面伸展。

❹ 黑褐色的種子呈長卵形，長約6毫米，有翅長約0.8至3.3毫米。

❺ 雌性球花上每一片分裂的外殼上均有突出向上的尖刺物，尖刺是分辨愛氏松與馬尾松的主要特徵。雌性球果乾燥時各鱗片會逐漸打開，形成一片一片的狀態。每塊鱗片內藏一枚種子，種子飄散後第二年的夏季脫落，所以搜集愛氏松的松果，最好的時機是在夏季。

❻ 在冬芽頂端發育中的雌性球果。

❼ 在雄性球果上方生長有鱗片狀的長棒狀物是冬天的新芽，又稱冬芽。通常長18至25厘米，有時可長達30厘米。

植物在中大

在VR虛擬環境中觀賞真實品種

3D植物模型

掃描QR code 觀察立體結構

參考文獻

1. Rodrigues-Honda, K. C. D. S., Junkes, C. F. D. O., Lima, J. C. D., Waldow, V. D. A., Rocha, F. S., Sausen, T. L., Bayer, C., Talamini, E., & Fett-Neto, A. G. (2023). Carbon sequestration in resin-tapped slash pine (*Pinus elliottii* Engelm.) subtropical lantations. *Biology, 12*(2), Article 324. https://doi.org/10.3390/biology12020324

# 杧果

中文常用名稱： **杧果**
英文常用名稱： **Mango**
學名　　　： *Mangifera indica* **L.**
科名　　　： **漆樹科 Anacardiaceae**

## 關於杧果

杧果 (亦稱芒果) 是漆樹科植物，從科名可聯想到其致敏的可能性，其實杧果、腰果、漆樹都屬於漆樹科，都含有些致敏原，過敏人士吃了嘴唇可能會感到痕癢。杧果是風水林的經濟果樹，能提供春季蜜源。本種果肉內種子狀的東西為果皮 (內果皮)，內藏的才是真正的種子。民間記錄杧果葉可用於治療消渴 (即現今的糖尿病)，近代研究亦發現本種的種子、果皮及葉的提取物，都具有控制血糖的藥理功效。

## 生長形態

常綠喬木 Evergreen Tree

### 樹幹

- 灰褐色 Greyish brown
- 具裂紋 Fissured
- 沒有剝落 Not Flaky

### 葉

- 葉序：互生 Alternate
- 複葉狀態：單葉 Simple leaf
- 葉邊緣：不具齒 Teeth absent
- 葉形：橢圓狀披針形或長圓狀披針形，
  葉尖尖細 Elliptic lanceolate or oblong lanceolate
  with pointed ends
- 葉質地：革質 Leathery

### 花

- 主要顏色：淡黃褐色或黃白色 Buff or cream ○
- 花期： 1 2 3 4 5 6 7 8 9 10 11 12

### 果

- 形狀：橢圓形卵狀 Elliptic ovoid
- 主要顏色：成熟時金黃色至橙紅
  Golden yellow to orange red when ripe ●
- 果期： 1 2 3 4 5 6 7 8 9 10 11 12

### 其他辨認特徵

- 花具香氣
- 葉兩面光滑無毛
- 葉片邊緣具波浪起伏

❶ 花長於枝條頂端，細小而繁多。

❷ 花冠有5片花瓣，花序上除花冠外均布滿淡黃褐色的毛。

❸ 樹身高大，高達10至20米，樹冠枝條及葉片濃密。

❹ 外來引入物種，農業時期主要作為經濟作物，其後亦作為行道樹之用。

❺ 在風水林中常找到它們的蹤影。

❻ 果實為核果，體積大，長約5至10厘米，寬約3至4.5厘米；未成熟時外果皮綠色。由於果實的重量，成熟期的果實通常都垂吊在枝條末端。

❼ 在本地市場常見的食用水果，杧果為受人喜愛的熱帶水果，果汁豐富，香氣濃郁。

❽ 在栽種為行道樹或園景用途的栽培品種與市場作為水果食用的作物品種不同，味道並不能媲美食用品種。

❾ 果肉裏面是褐色扁形硬核並不是種子，種子藏在核內，形狀扁平。

植物在中大

在VR虛擬環境中觀賞真實品種

3D植物模型

掃描QR code觀察立體結構

參考文獻

1. Gondi, M., & Prasada Rao, U. J. S. (2015). Ethanol extract of mango (*Mangifera indica* L.) peel inhibits α-amylase and α-glucosidase activities, and ameliorates diabetes related biochemical parameters in streptozotocin (STZ)-induced diabetic rats. *Journal of Food Science and Technology, 52*(12), 7883–7893. https://doi.org/10.1007/s13197-015-1963-4

2. Irondi, E. A., Oboh, G., & Akindahunsi, A. A. (2016). Antidiabetic effects of *Mangifera indica* kernel flour-supplemented diet in streptozotocin-induced type 2 diabetes in rats. *Food Science and Nutrition, 4*(6), 828–839. https://doi.org/10.1002/fsn3.348

3. Irondi, E. A., Oboh, G., Akindahunsi, A. A., Boligon, A. A., & Athayde, M. L. (2014). Phenolic composition and inhibitory activity of *Mangifera indica* and *Mucuna urens* seeds extracts against key enzymes linked to the pathology and complications of type 2 diabetes. *Asian Pacific Journal of Tropical Biomedicine, 4*(11), 903–910. https://doi.org/10.12980/APJTB.4.201414B364

4. Mohan, C. G., Viswanatha, G. L., Savinay, G., Rajendra, C. E., & Halemani, P. D. (2013). 1,2,3,4,6 Penta-O-galloyl-β-d-glucose, a bioactivity guided isolated compound from *Mangifera indica* inhibits 11β-HSD-1 and ameliorates high fat diet-induced diabetes in C57BL/6 mice. *Phytomedicine, 20*(5), 417–426. https://doi.org/10.1016/j.phymed.2012.12.020

# 黃槿

中文常用名稱： **黃槿**
英文常用名稱： **Cuban Bast, Sea Hibiscus**
學名　　　　： *Hibiscus tiliaceus* L.
科名　　　　： **錦葵科 Malvaceae**

## 關於黃槿

黃槿是原生物種，常生長於海岸及紅樹林的生境。本種為小喬木，適應力強及較易管理，亦栽培為行道樹。其嫩枝葉可作為野菜食用。木材耐腐，使用廣泛。樹皮纖維可製作自然降解的繩索，應用在海洋工業，可減少使用塑膠纖維所造成的污染。

### 生長形態

常綠喬木 Evergreen Tree

### 樹幹

- 灰褐色 Greyish brown
- 具裂紋 Fissured
- 沒有剝落 Not Flaky

### 葉

- 葉序：互生 Alternate
- 複葉狀態：單葉 Simple leaf
- 葉邊緣：具齒 Teeth present
- 葉形：心形 Cordate
- 葉質地：革質 Leathery

### 花

- 主要顏色：黃色 Yellow
- 花期： 1 2 3 4 5 6 7 8 9 10 11 12

### 果

- 形狀：近球狀 Subglobose
- 主要顏色：褐色 Brown ●
- 果期： 1 2 3 4 5 6 7 8 9 10 11 12

### 其他辨認特徵

- 雄蕊合生成管狀

❶ 花瓣有5片，花心深紫色。中央部分的柱狀結構為多枚雄蕊組合成的「單體雄蕊」，中間被雄蕊包圍的是5條分開的雌蕊。

❷ 花萼有5片花萼裂片。

❸ 花蕾在未盛放時，包裹著花蕾的5片萼片更加明顯。

❹ 果實為木質蒴果，約2厘米長，外面有5片萼片的殘留物。

❺ 果實成熟後，會裂開5邊，可以清楚看見每邊外殼內藏的種子。

❻ 樹身並不特別高大，喬木狀態時高約7米；樹冠及枝條濃密，在市區也有栽種為園景之用。

❼ 原生物種，常見生長於低地山坡或海岸植被。

❽ 非常適應在紅樹林附近的生境，通常郊區接近海岸範圍亦容易找到它們的蹤影。

植物在中大

在VR虛擬環境中觀賞真實品種

3D植物模型

掃描QR code觀察立體結構

參考文獻

1.  Sari, N. H., & Padang, Y. A. (2019). The characterization tensile and thermal properties of *Hibiscus tiliaceus* cellulose fibers. *IOP Conference Series: Materials Science and Engineering, 539* (1), Article 012031. https://doi.org/10.1088/1757-899X/539/1/012031

2.  Wayan Surata, I., Nindhia, T. G. T., & Widagdo, D. M. (2020). Promoting natural fiber from bark of *Hibiscus tiliaceus* as rope to reduce marine pollution from microplastic fiber yield from synthetic rope. *E3S Web of Conferences, 158,* Article 0005.

# 雙翼豆

中文常用名稱： **雙翼豆、盾柱木**
英文常用名稱： **Yellow Poinciana**
學名 ： *Peltophorum pterocarpum* (DC.) Baker ex K. Heyne.
科名 ： **豆科 Fabaceae**

## 關於雙翼豆

雙翼豆為中型喬木，夏季開鮮黃色花，能適應不同生境，可種植於庭園或路旁，於泰國亦有分布在沙灘及紅樹林區。在廣東地區、越南、斯里蘭卡、馬來西亞、印尼等地方都有栽培。葉提取物可加強奈米銀粒子的合成及轉化成消毒劑。另外，葉所含的酚類及類黃酮成分具抗氧化功能，可對抗UVB所引致的細胞凋亡。

### 生長形態

落葉喬木 Deciduous Tree

### 樹幹

- 灰褐色 Greyish brown
- 具裂紋 Fissured
- 沒有剝落 Not Flaky

### 葉

- 葉序：互生 Alternate
- 複葉狀態：偶數二回羽狀複葉
  Even-bipinnately compound leaf
- 小葉邊緣：不具齒 Teeth absent
- 小葉葉形：長圓形 Oblong
- 葉質地：革質 Leathery

### 花

- 主要顏色：黃色 Yellow
- 花期： 1 2 3 4 5 6 7 8 9 10 11 12

### 果

- 形狀：紡錘狀、具翅、扁平
  Fusiform, winged, flat
- 主要顏色：成熟時深紅褐色
  Dark reddish brown when ripe ●
- 果期： 1 2 3 4 5 6 7 8 9 10 11 12

### 其他辨認特徵

- 小葉尖一般呈圓形，並有微凸尖，
  小葉基左右不對稱
- 幼枝及花序被鏽色柔毛

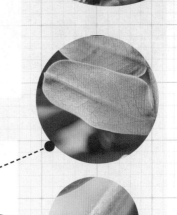

❶ 花瓣5片，花冠下有很長的總花梗。

❷ 開花季節時，花多繁密，長於枝條頂端。

❸ 花蕾於花序末端長出，球狀黃褐色。

❹ 果實為莢果，兩旁邊緣有較薄的結構如翅膀，故名為雙翼豆。

❺ 果殼中間可見有條紋，內藏2至4顆種子。

❻ 樹身高大，可高達15米。

❼ 枝條及葉片繁密，主幹粗壯。圖中為生長於中大校園內其中一株最大的雙翼豆。

❽ 外來引入的園藝物種，常見於公園或廣場花圃，開花季節能為夏日帶來清爽的季節色彩。

植物在中大 | 在VR虛擬環境中觀賞真實品種

3D植物模型 | 掃描QR code觀察立體結構

參考文獻

1. Ogundare, S. A., Adesetan, T. O., Muungani, G., Moodley, V., Amaku, J. F., Atewolara-Odule, O. C., Yussuf, S. T., Sanyaolu, N. O., Ibikunle, A. A., Balogun, M.-S., & Ewald van Zyl, W. (2022). Catalytic degradation of methylene blue dye and antibacterial activity of biosynthesized silver nanoparticles using *Peltophorum pterocarpum* (DC.) leaves. *Environmental Science: Advances, 2*(2), 247–256. https://doi.org/10.1039/D2VA00164K

2. Shafie, A. S., Rashid, A. H. A., Masilamani, T., Zin, N. S. N. M., Azmi, N. A. S., Goh, Y. M., & Samsulrizal, N. (2022). in-vitro melanogenesis, cytotoxicity, and antioxidant activities of *peltophorum pterocarpum* leaf extracts. *Malaysian Applied Biology, 51*(4), 201–211. https://doi.org/10.55230/mabjournal.v51i4.29

# 鐵刀木

中文常用名稱： **鐵刀木**
英文常用名稱： Kassod Tree
學名　　　　：　*Senna siamea* (Lam.) H.S. Irwin & Barneby
科名　　　　：　**豆科** Fabaceae

## 關於鐵刀木

別名黑心樹，原產於緬甸、泰國、越南、斯里蘭卡等地，現時熱帶地區廣泛栽培。因其木材堅硬，耐濕和蟲蝕，可製成上等家具。雖然材色較黑，但紋理富美感，裝飾用甚佳。再者本種種子萌芽力強，容易栽培。小枝條亦是優良薪炭原料，可大量栽培成經濟樹林。鐵刀木樹林能保持較佳的泥土碳儲存量和保存氮及磷的養分。

# 基本特徵資料

## 生長形態

落葉喬木 Deciduous Tree

## 樹幹

- 灰褐色 Greyish brown
- 具條紋 Striated
- 沒有剝落 Not Flaky

## 葉

- 葉序：互生 Alternate
- 複葉狀態：偶數一回羽狀複葉 Even-pinnately compound leaf
- 小葉邊緣：不具齒 Teeth absent
- 小葉葉形：窄長圓形 Narrowly oblong
- 葉質地：紙質 Papery

## 花

- 主要顏色：黃色 Yellow ○
- 花期：1 2 3 4 5 6 7 8 9 10 11 12

## 果

- 形狀：扁平帶狀，邊緣較厚
  Flat strap-shaped, margin thickened
- 主要顏色：鏽色 Ferruginous ●
- 果期：1 2 3 4 5 6 7 8 9 10 11 12

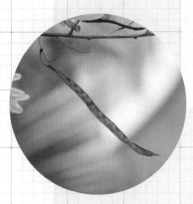

## 其他辨認特徵

- 小葉尖有時微凹及有小尖頭

❶ 卵形花瓣5片，近中央位置變窄看似一把短柄勺子。花中有7條能育雄蕊；花多長於葉柄分枝旁（葉腋）。

❷ 果實成熟後裂開，種子扁平呈卵形。

❸ 果實為莢果，長約15至30厘米，闊1至1.5厘米，每條莢果內有10到20顆種子。

❹ 樹身高度約10米，常見於市區園圃。攝於華富邨。

❺ 外來物種，引入作為行道樹及園藝用途。樹冠濃密，但枝條生長方向不一，不易修剪。攝於大埔。

植物在中大

在VR虛擬環境中觀賞真實品種

3D植物模型

掃描QR code觀察立體結構

參考文獻

1. Logah, V., Tetteh, E. N. Adegah, E. Y., Mawunyefia, J., Ofosu, E. A., & Asante, D. (2020). Soil carbon stock and nutrient characteristics of *Senna siamea* grove in the semi-deciduous forest zone of Ghana. *Open Geosciences, 12*(1), 443–451. https://doi.org/10.1515/geo-2020-0167

# 枇杷

中文常用名稱： **枇杷**

英文常用名稱： **Loquat**

學名 ： *Eriobotrya japonica* (Thunb.) Lindl.

科名 ： **薔薇科 Rosaceae**

## 關於枇杷

枇杷雖然是外來品種，原產於中國中南部，但早於1850年代香港已有栽培。現時很常見於低地的次生林及風水林，於秋季提供蜜源。果實是優質果物，可鮮吃或製成果汁。枇杷葉是常用中藥材，化痰止咳和胃降氣(中醫術語)，在日本民族藥方，曾用葉治療多類疾病，包括糖尿病。其種子提取的甘油及山梨糖醇可製成果物的表面保護膜，以及食用的天然防腐劑。

## 生長形態

常綠小喬木 Evergreen Small Tree

## 樹幹

- 褐色 Brown
- 具條紋 Striated
- 沒有剝落 Not flaky

倒披針形

## 葉

- 葉序：互生 Alternate
- 複葉狀態：單葉 Simple leaf
- 葉邊緣：具齒 Teeth present
- 葉形：橢圓形或倒披針形 Elliptic or oblanceolate
- 葉質地：革質 Leathery

## 花

- 主要顏色：白色 White ○
- 花期： 1 2 3 4 5 6 7 8 9 10 11 12

## 果

- 形狀：球狀或卵狀 Globose or ovoid
- 主要顏色：黃色、琥珀色或橙色
  Yellow, amber or orange ●
- 果期： 1 2 3 4 5 6 7 8 9 10 11 12

## 其他辨認特徵

- 葉底密生灰棕色絨毛

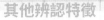

❶ 在白色花冠內，有20條雄蕊及5條雌蕊花柱。

❷ 果實為梨果，直徑約2至5厘米，果實未成熟時黃綠色。

❸ 果實外皮與植株一樣有鏽色的毛。

❹ 果實頂端有5片殘留的花萼。

❺ 在本地市場常見的食用水果。

❻ 切開後可見到裏面褐色的種子，種子直徑約1至1.5厘米。

❼ 樹身高度約10米，樹冠枝條濃密，是經濟作物。

❽ 在本港市區亦有栽種為綠化休憩空間的樹種。

❾ 在郊區村落及風水林可容易找到它們的蹤影。

植物在中大

在VR虛擬環境中觀賞真實品種

3D植物模型

掃描QR code觀察立體結構

參考文獻

1. Costa, B. P., Carpiné, D., Ikeda, M., Pazzini, I. A. E., da Silva Bambirra Alves, F. E., de Melo, A. M., & Ribani, R. H. (2023). Bioactive coatings from non-conventional loquat (*Eriobotrya japonica* Lindl.) seed starch to extend strawberries shelf-life: An antioxidant packaging. *Progress in Organic Coatings, 175,* Article 107320. https://doi.org/10.1016/j.porgcoat.2022.107320

2. Zhu, X., Wang, L., Zhao, T., & Jiang, Q. (2022). Traditional uses, phytochemistry, pharmacology, and toxicity of *Eriobotrya japonica* leaves: A summary. *Journal of Ethnopharmacology, 298,* Article 115566. https://doi.org/10.1016/j.jep.2022.115566

# 龍眼

中文常用名稱： **龍眼**
英文常用名稱： Longan
學名　　　： *Dimocarpus longan* Lour.
科名　　　： **無患子科 Sapindaccac**

## 關於龍眼

龍眼雖是引入品種，但別具生態價值，於春季開花期提供蜜源給昆蟲。夏季的果實亦是果食類蝙蝠或雀鳥的食物，構成本地風水林的主要品種，可作養蜂採蜜及收成果物食用。果實內半透明的假種皮（俗稱：果肉）是中藥龍眼肉，補益心脾，養血安神，於《神龍本草經》已有記載。種子含皂素，可提煉成肥皂原料。

## 生長形態

落葉喬木 Deciduous Tree

## 樹幹

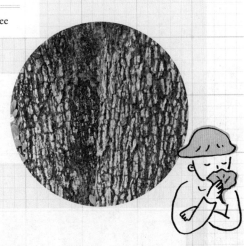

- 褐色 Brown
- 具裂紋 Fissured
- 沒有剝落 Not Flaky

## 葉

- 葉序：互生 Alternate
- 複葉狀態：偶數一回羽狀複葉 Even-pinnately compound leaf
- 小葉邊緣：不具齒 Teeth absent
- 小葉葉形：狹長圓形或披針形，兩端尖細
  Narrowly oblong or lanceolate with pointed ends
- 葉質地：革質 Leathery

## 花

- 主要顏色：白色 White ○
- 花期：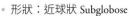 1 2 3 4 5 6 7 8 9 10 11 12

## 果

- 形狀：近球狀 Subglobose
- 主要顏色：淺棕黃色 Ochre ●
- 果期： 1 2 3 4 5 6 7 8 9 10 11 12

## 其他辨認特徵

- 小葉基部左右不對稱

❶ 除了作為農業用途外，不少作為園藝或行道樹，栽種在市區公園或廣場花圃。

❷ 外來引入品種，樹冠枝條及葉片濃密，樹身高最高約為 10 米。攝於中大聯合書院。

❸ 在村邊或風水林，容易找到它們的蹤影。

❹ 果實為漿果狀，但不是漿果，屬於「分果」，每顆直徑 1.2 至 2.5 厘米。

❺ 花細小，花瓣與萼片接近相等的長度。

❻ 花未開，還是花蕾時的狀態。

❼ 果實外面稍粗糙，果皮不算厚，與本地可購買食用外皮光滑的龍眼有點不同。圖中果實成熟過後掉落在地上。

❽ 果實內藏一顆黑褐色種子。

植物在中大

在VR虛擬環境中觀賞真實品種

3D植物模型

掃描QR code觀察立體結構

參考文獻

1. Paul, P., Biswas, P., Dey, D., Saikat, A. S. M., Islam, M. A., Sohel, M., Hossain, R., Mamun, A. A., Rahman, M. A., Hasan, M. N., & Kim, B. (2021). Exhaustive plant profile of "*Dimocarpus longan* lour" with significant phytomedicinal properties: A literature based-review. *Processes, 9*(10), Article 1803. https://doi.org/10.3390/pr9101803

# 潺槁樹

中文常用名稱： **潺槁樹**
英文常用名稱： **Pond Spice**
學名 ： *Litsea glutinosa* (Lour.) C. B. Rob.
科名 ： **樟科** Lauraceae

## 關於潺槁樹

潺槁樹為原生品種，常見於林緣及河畔生境。本種是中型喬木及常綠的生長狀態，主幹稍堅硬及耐腐，適合作為觀賞品種及行道樹。印度傳統醫學使用本種亦用作治療腹瀉、消化不良、感冒、關節炎等病症。多項的化學、藥理的研究在過去10年間已發表成科學文章。

# 基本特徵資料

## 生長形態

常綠喬木 Evergreen Tree

### 樹幹

- 灰色或灰褐 Grey or greyish brown
- 具條紋 Striated
- 有剝落 Flaky

### 葉

- 葉序：互生 Alternate
- 複葉狀態：單葉 Simple leaf
- 葉邊緣：不具齒 Teeth absent
- 葉形：橢圓形、倒卵狀橢圓形或橢圓狀倒披針形
  Elliptic, obovate elliptic or elliptic oblanceolate
- 葉質地：革質 Leathery

**倒卵狀橢圓形**

### 花

- 主要顏色：淺黃綠色 Pale yellowish green ●
- 花期： 1 2 3 4 5 6 7 8 9 10 11 12

**雄花**

**雌花**

### 果

- 形狀：球狀 Globose
- 主要顏色：深褐色至黑色 Fuscous to black ●
- 果期： 1 2 3 4 5 6 7 8 9 10 11 12

**標本照片**

### 其他辨認特徵

- 葉片揉碎後加水會變得黏稠
- 全株具香氣
- 主葉脈較淺色

❶ 分雌雄花，生長在不同的植株上，圖為未開花時的花蕾狀態，不能輕易分辨雌雄花。

❷ 雄花的雄蕊通常有15條或以上，花絲長而明顯。

❸ 雌花花柱較長且明顯。

❹ 果實的標本照片。果實為核果，直徑約7毫米。

❺ 原生物種，常見於郊區次生林、風水林、溪水旁等生境。

❻ 樹冠枝條葉片濃密。

❼ 樹身高大，最高可達15米。

植物在中大　在VR虛擬環境中觀賞真實品種

３Ｄ植物模型　掃描QR code 觀察立體結構

參考文獻

1. Bakht, J., Farooq, M., & Iqbal, A. (2019). In vitro antimicrobial activity and phytochemical analysis of different solvent extracted samples from medicinally important *Litsea glutinosa*. *Pakistan Journal of Pharmaceutical Sciences, 32*(2), 515–519.

2. Chawra, H. S., Gupta, G., Singh, S. K., Pathak, S., Rawat, S., Mishra, A., & Gilhotra, R. M. (2021). Phytochemical constituents, Ethno medicinal properties and Applications of Plant: *Litsea glutinosa* (Lour.) C.B. Robinson (Lauraceae). *Research Journal of Pharmacy and Technology, 14*(11), 6113–6118. https://doi.org/10.52711/0974-360X.2021.01062

3. Jamaddar, S., Raposo, A., Sarkar, C., Roy, U. K., Araújo, I. M., Coutinho, H. D. M., Alkhoshaiban, A. S., Alturki, H. A., Saraiva, A., Carrascosa, C., & Islam, M. T. (2023). Ethnomedicinal Uses, Phytochemistry, and Therapeutic Potentials of *Litsea glutinosa* (Lour.) C. B. Robinson: A Literature-Based Review. *Pharmaceuticals, 16*(1), Article 3. https://doi.org/10.3390/ph16010003

# 破布葉

中文常用名稱： **破布葉、布渣葉**
英文常用名稱： **Microcos**
學名 ： *Microcos paniculata* L.
科名 ： **錦葵科 Malvaceae**

## 關於破布葉

本種常見於山坡的灌叢及次生林，與本地很多原生種共存了很悠久的歷史，有些植株可長成十多米的喬木狀，這些植株亦可反映當區生境在較少干擾下，因而逐漸發展成次生林。本種的葉是廿四味成分之一，中藥名稱為破布葉或布渣葉，功能清熱利濕、健胃消滯、去食積之效。

# 基本特徵資料

## 生長形態

常綠灌木或小喬木
Evergreen Shrub or Small Tree

## 樹幹

- 灰褐色 Greyish brown
- 不具裂紋 Not fissured
- 沒有剝落 Not flaky

## 葉

- 葉序：互生 Alternate
- 複葉狀態：單葉 Simple leaf
- 葉邊緣：具齒 Teeth present
- 葉形：卵狀長圓形 Ovate oblong
- 葉質地：薄革質 Thin leathery

## 花

- 主要顏色：淺黃綠色 Pale yellowish green ●
- 花期：

| 1 | 2 | 3 | 4 | 5 | 6 | 7 | 8 | 9 | 10 | 11 | 12 |
|---|---|---|---|---|---|---|---|---|----|----|----|

## 果

- 形狀：近球狀或卵狀 Subglobose or ovoid
- 主要顏色：褐色 Brown ●
- 果期：

| 1 | 2 | 3 | 4 | 5 | 6 | 7 | 8 | 9 | 10 | 11 | 12 |
|---|---|---|---|---|---|---|---|---|----|----|----|

## 其他辨認特徵

- 葉片邊緣疏鋸齒
- 葉脈明顯
- 葉底、面及柄均密布被毛

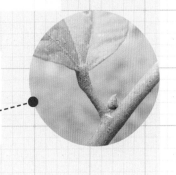

1. 黃色小球狀部分為雄蕊花藥，較花絲稍長的為萼片，花瓣是較接近花絲的短小結構。
2. 花細小，花梗短，花瓣只有3至4毫米。
3. 葉片形狀看來不整齊，像片破舊的布塊。
4. 果實為核果，約1厘米長，果柄較短，未完全成熟時黃綠色。
5. 果實成熟後變成深褐色。
6. 雖然為小喬木，但年長樹身高度可超10米。
7. 原生物種，可在風水林及次生林中找到它們的蹤影。圖中植株位於香港仔郊野公園，水塘道附近。

植物在中大

在VR虛擬環境中觀賞真實品種

3D植物模型

掃描QR code觀察立體結構

參考文獻

1.  Aziz, M. A., Akter, M. I., & Islam, M. R. (2016). Phytochemical screening, toxicity, larvicidal & antidiabetic activity of aqueous extract of *Microcos paniculata* leaves. *Pharmacologyonline, 2016*(2), 50–57.

2.  Aziz, M. A., Akter, M. I., Roy, D. N., Mazumder, K., & Rana, M. S. (2018). Antioxidant and antidiarrheal activity of the methanolic extract of *Microcos paniculata* roots. *Pharmacologyonline, 2*, 31–48.

3.  Aziz, M. A., Akter, M. I., Sajon, S. R., Rahman, S. M. M., & Rana, M. S. (2018). Anti-inflammatory and anti-pyretic activities of the hydro-methanol and petroleum-benzene extracts of *Microcos paniculata* barks. *Pharmacologyonline, 2*, 23–30.

4.  Jiang, Y. -Q., & Liu, E. -H. (2019). *Microcos paniculata*: a review on its botany, traditional uses, phytochemistry and pharmacology. *Chinese Journal of Natural Medicines, 17*(8), 561–574. https://doi.org/10.1016/S1875-5364(19)30058-5

# 豺皮樟

標本照片

中文常用名稱： **豺皮樟**
英文常用名稱： **Oblong-leaved Litsea, Long-leaved Litsea**
學名 ： *Litsea rotundifolia* var. *oblongifolia* (Nees) C. K. Allen
科名 ： **樟科 Lauraceae**

## 關於豺皮樟

豺皮樟為本地原生品種，適應力甚強，常見於疏林及灌叢，在華南地區常有分布。其種子含豐富脂肪油，可提取作工業使用。此外，本種的葉、果、莖皮及根含芳香油、氨基酸、黃酮甙和酚類的各類化合物，有待進一步研究及開發其藥用和其他應用的可能性。

# 基本特徵資料

## 生長形態

常綠灌木 Evergreen Shrub

## 莖皮

- 灰褐色 Greyish brown
- 不具裂紋 Not fissured
- 有剝落 Flaky

## 葉

- 葉序：互生 Alternate
- 複葉狀態：單葉 Simple leaf
- 葉邊緣：不具齒 Teeth absent
- 葉形：倒卵形或橢圓形 Obovate or elliptic
- 葉質地：薄革質 Thin leathery

## 花

- 主要顏色：黃綠色 Yellowish green ●
- 花期： 1 2 3 4 5 6 7 8 9 10 11 12

## 果

- 形狀：球狀 Globose
- 主要顏色：藍黑色或 黑色
  Blue-black or black ●
- 果期： 1 2 3 4 5 6 7 8 9 10 11 12

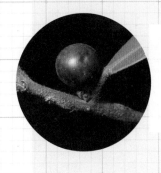

## 其他辨認特徵

- 葉面綠色、光亮、無毛，葉底灰綠色

1 枝條上常有褐色斑塊。

2 花的標本照片。花細小，花序上有3至4朵小花。花序梗均非常短，近乎沒有。

3 豺皮樟果實為核果，直徑約6毫米。

4 果實的標本照片。果實發育自雌花，因此也近乎無果梗。

5 通常以小灌木的形態生長，樹冠並不濃密。原生物種，可在郊野灌木林或風水林中找到它們（箭頭所指位置），其植株高度通常屬於林中樹種的中層位置。

⑤

植物在中大

在VR虛擬環境中觀賞真實品種

3D植物模型

掃描QR code觀察立體結構

參考文獻

1.  Yan, X., Zhang, F., Wei, X., & Li, Y. (2000). Analysis of chemical constituents in the essential oil from roots of *Litsea rotundifolia* var. *oblongifolia* by GC/MS. *Journal of Chinese Medicinal Materials, 23*(6), 331–332.

2.  Zhao, Y., Guo, Y. -W., & Zhang, W. (2005). Rotundifolides A and B, two new enol-derived butenolactones from the bark of *Litsea rotundifolia* var. *oblongifolia*. *Helvetica Chimica Acta, 88*(2), 349–353. https://doi.org/10.1002/hlca.200590019

# 大樹菠蘿

中文常用名稱： **大樹菠蘿、菠蘿蜜**
英文常用名稱： **Jackfruit**
學名 ： *Artocarpus heterophyllus* Lam.
科名 ： **桑科 Moraceae**

## 關於大樹菠蘿

菠蘿蜜本地常稱為大樹菠蘿，原產地印度，現今在濕暖的熱帶地區常有栽培。每個數十厘米長的果實是由數百朵花聚生而成，成熟後每朵花變成的核果都有甜美多汁的果皮和種子皮，是甚受歡迎的果物。枝條可提取桑色素作染料使用。本種除了是食用果樹，也可提取優質的天然纖維。較深橙黃色的食用部分含抗糖尿病的功效。有大量多方向的研究工作正在進行，在過去5年已有超過200篇科研報告發表。

## 生長形態

常綠喬木 Evergreen Tree

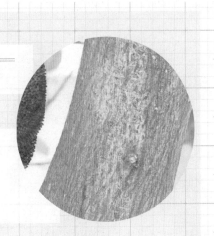

## 樹幹

- 褐色 Brown
- 具條紋 Striated
- 沒有剝落 Not Flaky

## 葉 

- 葉序：互生 Alternate
- 複葉狀態：單葉 Simple leaf
- 葉邊緣：不具齒 Teeth absent
- 葉形：橢圓形或倒卵形 Elliptic or obovate
- 葉質地：革質 Leathery

倒卵形

## 花 

- 主要顏色：黃綠色 Yellowish green ●
- 花期： 1 2 **3 4 5 6 7** 8 9 10 11 12

## 果 

- 形狀：不對稱垂直橢圓球狀
  Asymmetric prolate ellipsoid
- 主要顏色：橄欖綠色 Olive ●
- 果期： 1 2 3 4 5 **6 7 8 9 10 11** 12

## 其他辨認特徵

- 葉面深綠色和有光澤
- 葉脈明顯

① 雌雄花生長在同一植株上，外觀十分相近。
　圖中圓柱狀結構為雄花聚合而成的花序結構。

② 雌花也是由許多小花聚合在一起而成的一個
　結構，表面看起來像由許多粒小球體組成，
　每個都有一點很小的雌蕊結構。

③ 作為水果食用的部分，是藏在大型聚花果結
　構內，經發育後會形成肉質部分。

④ 果實表面有六角形的凸起物，稱為瘤體，表
　面有毛。

⑤ 果實通常生長在主幹較短的枝條上。

⑥ 果實切開及製成標本時的狀態。

⑦ 外來物種，主幹高大，可高達 20 米，樹冠葉片
　茂密。多栽種為經濟作物，常見於村落農田。

⑧ 果實為聚花果，整體體積大，長度由 30 厘米到
　可達 1 米，直徑 25 至 50 厘米。

植物在中大

在VR虛擬環境中觀賞真實品種

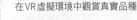

3D植物模型

掃描QR code觀察立體結構

參考文獻

1.  Natta, S., Pal, K., Kumar Alam, B., Mondal, D., Kumar Dutta, S., Sahana, N., Mandal, S., Bhowmick, N., Sankar Das, S., Mondal, P., Kumar Pandit, G., Kumar Paul, P., & Choudhury, A. (2023). In-depth evaluation of nutritive, chemical constituents and anti-glycemic properties of jackfruit (*Artocarpus heterophyllus* Lam) clonal accessions with flake colour diversity from Eastern Sub-Himalayan plains of India. *Food Chemistry, 407*, Article 135098. https://doi.org/10.1016/j.foodchem.2022.135098

2.  Zeng, S., Cao, J., Wei, C., Chen, Y., Liu, Q., Li, C., Zhang, Y., Zhu, K., Wu, G., & Tan, L. (2023). Polysaccharides from *Artocarpus heterophyllus* Lam. (jackfruit) pulp alleviate obesity by modulating gut microbiota in high fat diet-induced rats. *Food Hydrocolloids, 139*, Article 108521. http://doi.org/10.1016/j.foodhyd.2023.108521

# 紅膠木

中文常用名稱： **紅膠木**

英文常用名稱： Brisbane Box

學名 ： *Lophostemon confertus* (R. Br.) Peter G. Wilson & J. T. Waterh.

科名 ： **桃金娘科** Myrtaceae

## 關於紅膠木

紅膠木原產於澳洲，早期引種於香港的郊野地區，以促進樹林快速形成。但由於紅膠木是引入品種，生態價值亦較遜色，歷史任務亦告完成。於2000年後樹林生態的研究指出，原生品種對造林的重要性，應輔助本地品種在植林地區的生長，有助原始及次生林的建立。現時本地的樹林管理亦朝這方向發展。

## 生長形態

常綠喬木 Evergreen Tree

## 樹幹

- 褐色 Brown
- 具裂紋 Fissured
- 有剝落 Flaky

## 葉

- 葉序：假頂輪生 Pseudo-whorled
- 複葉狀態：單葉 Simple leaf
- 葉邊緣：不具齒 Teeth absent
- 葉形：橢圓形，兩端尖細
  Elliptic, with pointed ends
- 葉質地：革質 Leathery

## 花

- 主要顏色：白色 White ○
- 花期：1 2 3 4 5 6 7 8 9 10 11 12

## 果

- 形狀：半球狀 Semiglobose
- 主要顏色：褐色 Brown ●
- 果期：1 2 3 4 5 6 7 8 9 10 11 12

## 其他辨認特徵

- 假頂輪生，請參閱頁 64 圖說 ❶
- 樹皮常帶紅褐色

❶ 葉片常聚生於枝條頂端，看似是輪生的狀態，稱為「假頂輪生」。

❷ 在花蕾時期，可以觀察到錐狀的花萼布滿灰白色的毛。

❸ 花通常聚生於枝條上的葉柄分枝處，每組有3至7朵花；雄蕊合生成柱狀結構，但每條雄蕊的花絲分離。

❹ 果實為蒴果，直徑大約1厘米；果實頂端較平，成熟時會從中央裂開。

❺ 果實發育時，可以觀察到果實半球形部分的外殼，亦見尖長殘留的花萼。

❻ 外來物種，是作為本港50、60年代快速造林時的品種，曾被認為是「植林三寶」之一。圖中植株位於屯門郊區。

❼ 已完成歷史任務的紅膠木，仍然可以在不少本港郊區山坡找到它們的蹤影，圖中植株位於南丫島。

❽ 主幹高大，可達約20米，枝條繁多，葉片多但不茂密。

植物在中大

在VR虛擬環境中觀賞真實品種

3D植物模型

掃描QR code觀察立體結構

參考文獻

1.  Kwok, H. K., & Corlett, R. T. (2000). The bird communities of a natural secondary forest and a *Lophostemon confertus* plantation in Hong Kong, South China. *Forest Ecology and Management, 130*(1–3), 227–234. https://doi.org/10.1016/S0378-1127(99)00178-4

2.  Lee, E. W. S., Hau, B. C. H., & Corlett, R. T. (2008). Seed rain and natural regeneration in *Lophostemon confertus* plantations in Hong Kong, China. *New Forests, 35*, 119–130. https://doi.org/10.1007/s11056-007-9065-4

3.  Sung, Y. -H., Karraker, N. E., & Hau, B. C. H. (2012). Terrestrial herpetofaunal assemblages in secondary forests and exotic *Lophostemon confertus* plantations in South China. *Forest Ecology and Management, 270*, 71–77. https://doi.org/10.1016/j.foreco.2012.01.011

# 木荷

中文常用名稱： **木荷、荷樹**
英文常用名稱： **Chinese Gugertree, Schima**
學名　　　　： *Schima superba* Gardner & Champ.
科名　　　　： **茶科** Theaceae

## 關於木荷

木荷是原生品種，J. G. Champion 於 1847 至 1849 年在香港黃泥涌首次發現，與 G. Gardner 共同發表新種。本種為中大型喬木，胸徑可達 1 米以上，花白色、共有 5 片花瓣、雄蕊多數，花型具山茶科的典型結構。本種是優質木材來源，在中國南方常作生態及經濟植林。亞熱帶常綠林的主要品種，也是可耐火的先鋒樹種。

# 基本特徵資料

## 生長形態

常綠喬木 Evergreen Tree

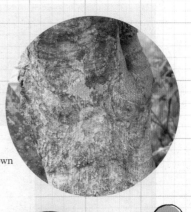

## 樹幹

- 灰褐色或紅褐色 Greyish brown or reddish brown
- 具裂紋 Fissured
- 沒有剝落 Not flaky

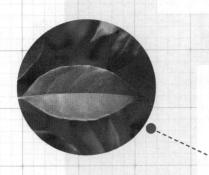

## 葉

- 葉序：互生 Alternate
- 複葉狀態：單葉 Simple leaf
- 葉邊緣：具齒 Teeth present
- 葉形：橢圓形，葉尖細長 Elliptic with pointed end
- 葉質地：薄革質 Thinly leathery

## 花

- 主要顏色：白色 White ○
- 花期： 1 2 3 4 5 6 7 8 9 10 11 12

## 果

- 形狀：近球狀 Subglobose
- 主要顏色：褐色 Brown ●
- 果期： 1 2 3 4 5 6 7 8 9 10 11 12

## 其他辨認特徵

- 葉片上部常具鋸齒
- 葉面光滑無毛和有光澤

❶ 花通常生於枝條頂部的分枝中間位置,花朵數目多而茂密。

❷ 花冠大而明顯,花通常有5片花瓣。

❸ 雄蕊及雌蕊發育完全,是完全花。

❹ 果實為蒴果,直徑約1.5至2.5厘米。

❺ 果實成熟時通常裂開成5邊。種子扁平呈腎形,有薄翅。

❻ 主幹高大粗壯,植株高度可達30米,樹冠濃密寬闊。

❼ 原生物種,同時也是植林品種,多見於優化植林中。

❽ 在郊區植林中可作為防火間牆,能阻隔樹冠火勢。

植物在中大

在VR虛擬環境中觀賞真實品種

３Ｄ植物模型

掃描QR code觀察立體結構

參考文獻

1. Wang, Y., Zhang, R., & Zhou, Z. (2021). Radial variation of wood anatomical properties determines the demarcation of juvenile-mature wood in *schima superba*. *Forests, 12*(4), Article 512. https://doi.org/10.3390/f12040512

2. Zhao, X. -W., Ouyang, L., Zhao, P., & Zhang, C. -F. (2018). Effects of size and microclimate on whole-tree water use and hydraulic regulation in *Schima superba* trees. *PeerJ*, 2018, 7, Article e5164. https://doi.org/10.7717/peerj.5164

3. Zeng, S., Gan, J., Xiao, H., Liu, F., Xiao, B., Peng, Q., & Wu, J. (2014). Changes in soil properties in regenerating *Schima superba* secondary forests. *Shengtai Xuebao, 34*(15), 4242–4250. https://doi.org/10.5846/stxb201312253021

# 基及樹

中文常用名稱： **基及樹、福建茶**
英文常用名稱： **Fukien Tea, Small-leaved Carmona**
學名 ： *Ehretia microphylla* Lam.
科名 ： **紫草科 Boraginaceae**

## 關於基及樹

基及樹是中小型的灌木，較為人熟識的名字是福建茶。東南亞地區常引種為觀賞植物，因其嫩芽分枝生長適應力強，能製作成盆景或多樣化的灌木形狀。根據其常用科學名 *Ehretia microphylla* Lam. 可尋找更多的科研報告，包括其護肝作用及高效抗氧化的藥理功能。本種亦是菲律賓衞生局建議的當地十大草藥之一。

# 基本特徵資料

## 生長形態

常綠灌木 Evergreen Shrub

## 樹幹 爪

- 淺褐色 Pale brown
- 不具裂紋 Not fissured
- 沒有剝落 Not flaky

## 葉 🍃

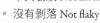

- 葉序：互生 Alternate
- 複葉狀態：單葉 Simple leaf
- 葉邊緣：具齒 Teeth present
- 葉形：倒卵形 Obovate
- 葉質地：革質 Leathery

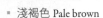

## 花 🌸

- 主要顏色：白色 White ○
- 花期： 1 2 3 4 5 6 7 8 9 10 11 12

## 果 🧅

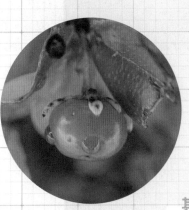

- 形狀：球狀 Globose
- 主要顏色：黃色，後期轉變為紅色
  Yellow to red at developed stage ●
- 果期： 1 2 3 4 5 6 7 8 9 10 11 12

## 其他辨認特徵

- 葉面有短硬毛或斑點；
  葉尖一般呈圓形或截形，並具粗圓齒
- 葉片有外卷的邊緣

❶ 花非常細小，小於1厘米，有5至6片花瓣；
  有雄蕊5至6枚，有雌蕊2枚。

❷ 有5片花萼，在花冠下連接在一起。

❸ 在花蕾時期，可看到小花以2朵以上聚生。

❹ 多栽種為園藝用途，通常被持續修剪以保持灌
  木狀態下的園藝造型，圖中為矩形造型的狀
  態，攝於中大聯合書院。

❺ 由於枝條茂密，葉片細小但繁多茂密，而且能
  承受經常被修剪，十分適合用於園藝造型，常
  見於各大公園或廣場花圃，圖中為圓形造形，
  攝於香港公園。

❻ 圖中可見灰蝶前來吸取花蜜。

❼ 果實為核果直徑約3至4毫米，頂部黑點是殘留
  的一小部分雌蕊花柱。

植物在中大

在VR虛擬環境中觀賞真實品種

3D植物模型

掃描QR code觀察立體結構

參考文獻

1.  Legaspi, C. L. B., & Bagaoisan, D. -M. A. (2020). Ehretia microphylla tablet formulation for biliary and gastrointestinal colic: A review of its phytochemical constituents, pharmacologic activities and clinical researches. *Acta Medica Philippina, 54*(1), 80–85. https://doi.org/10.47895/amp.v54i1.1108

2.  Palaniappan, R., Senguttuvan, J., Kandasamy, P., & Subramaniam, P. (2014). In vitro antioxidant properties of the traditional medicinal plant species, *Ehretia microphylla* Lam. and *Erythroxylon monogynum* Roxb. *Research Journal of Pharmaceutical, Biological and Chemical Sciences, 5*(1), 247–252.

3.  Yuvaraja, K. R., Santhiagu, A., Jasemine, S., & Gopalasatheeskumar, K. (2021). Hepatoprotective activity of *Ehretia microphylla* on paracetamol induced liver toxic rats. *Journal of Research in Pharmacy, 25*(1), 89–98. https://doi.org/10.35333/jrp.2021.286

# 白蘭

中文常用名稱： **白蘭**
英文常用名稱： **White Jade Orchid Tree, White Champak**
學名 ： *Michelia × alba* DC.
科名 ： **木蘭科 Magnoliaceae**

## 關於白蘭

白蘭原產地印尼，在香港已廣泛地栽培為
庭園樹種和行道樹。開花期長，春夏季可
見；因其花色粉白，氣香清幽，常收採集成
小束製作天然香包，亦可提取香精供藥用，
有行氣化濁和治咳嗽之效，其傳統藥用歷史
已有數百年，中藥名為白蘭花。芳樟醇是
花及葉所含的主要有效成分，除了作為香料
精油外，亦具其他潛藏的藥效功能。

# 基本特徵資料

## 生長形態

常綠喬木 Evergreen Tree

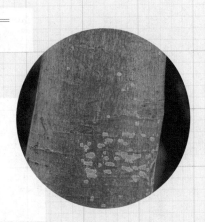

## 樹幹

- 灰褐色 Greyish brown
- 具條紋 Striated
- 不具裂紋 Not fissured
- 沒有剝落 Not flaky
- 不具皮刺 Prickle absent

## 葉

- 葉序：互生 Alternate
- 複葉狀態：單葉 Simple leaf
- 葉邊緣：不具齒 Teeth absent
- 葉形：橢圓狀披針形 Elliptic lanceolate
- 葉質地：革質 Leathery

## 花

- 主要顏色：白色 White ◯
- 花期： 1 2 3 4 5 6 7 8 9 10 11 12

## 果

- 雜交品種，香港少有果實記錄

## 其他辨認特徵

- 花具濃郁的香氣
- 葉片邊緣具波浪起伏

❶ 花冠由10片類似花瓣及花萼的花被片組成；花香濃郁，在很遠距離下仍然能聞到花香。

❷ 花藥長，中間為雌蕊群。

❸ 雄蕊花絲短，花藥明顯。

❹ 每到白蘭開花季節經常見到街道上售賣這種狀態的白蘭花。

❺ 主幹粗壯高大，可達約18米，枝條並不繁密，但葉片茂盛濃密。

❻ 外來品種，多栽種為園藝觀賞，由於缺少種子，白蘭主要以人工嫁接方式繁殖。

❼ 除了多見於市區公園、街道，也有不少植株在各區校舍之內，圖中植株位於中大聯合書院。

植物在中大

在VR虛擬環境中觀賞真實品種

3 D 植物模型

掃描QR code觀察立體結構

參考文獻

1.  Cheng, K.-K., Nadri, M. H., Othman, N. Z., Rashid, S. N. A. A., Lim, Y.-C., & Leong, H.-Y. (2022). Phytochemistry, bioactivities and traditional uses of *Michelia × alba. Molecules, 27*(11), Article 3450. https://doi.org/10.3390/molecules27113450

# 八角楓

中文常用名稱： **八角楓**
英文常用名稱： **Chinese Alangium**
學名 ： *Alangium chinense* (Lour.) Harms
科名 ： **山茱萸科 Cornaceae**

---

## 關於八角楓

八角楓是香港常見的原生品種，生長習性常為灌木狀，亦呈小喬木，常見於次生林及風水林。本種的幼葉邊緣淺分裂，類似楓樹的葉片形狀，但成熟葉呈卵形，基部左右不對稱。莖部可入藥，名為白龍條，治跌打損傷；根部亦有消炎成分。莖皮纖維可編繩索。八角楓屬的其他品種，例如：瓜木、毛八角楓等，都是東南亞地區的重要民間草藥。

# 基本特徵資料

## 生長形態

落葉灌木或小喬木 Deciduous Shrub or Small Tree

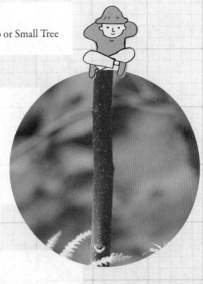

## 樹幹

- 灰褐色 Greyish brown
- 不具裂紋 Not fissured
- 沒有剝落 Not flaky
- 不具皮刺 Prickle absent

## 葉

- 葉序：互生 Alternate
- 複葉狀態：單葉 Simple leaf
- 葉邊緣：不具齒 Teeth absent
- 葉形：近心形 Subcoradate
- 葉質地：紙質 Papery

## 花

- 主要顏色：白色 White ○
- 花期：

| 1 | 2 | 3 | 4 | 5 | 6 | 7 | 8 | 9 | 10 | 11 | 12 |
|---|---|---|---|---|---|---|---|---|----|----|----|

## 果

- 形狀：卵狀 Ovoid
- 主要顏色：成熟時黑色 Black when ripe ●
- 果期：

| 1 | 2 | 3 | 4 | 5 | 6 | 7 | 8 | 9 | 10 | 11 | 12 |
|---|---|---|---|---|---|---|---|---|----|----|----|

## 其他辨認特徵

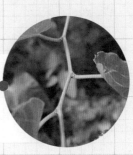

- 葉片基部左右不對稱
- 枝條呈「Z」字形
- 幼葉葉片多分裂

① 花冠圓筒狀,花梗長5至15毫米;花冠有線形花瓣6至8片,開花後花瓣向外反捲。

② 開花初期花瓣為白色,後變成黃色。

③ 中間部分為雄蕊及雌蕊組成的柱狀結構。

④ 果實為核果,長約5至7毫米,直徑約5至8毫米,未成熟時綠色。

⑤ 果實的標本照片。果實頂端有花萼的殘存部分。

⑥ 原生品種,多在郊區次生林及風水林中以灌木狀態生長。

⑦ 除郊區外,也能在市區發現它們的蹤影,圖中植株位於大埔墟鐵路站附近。

植物在中大

在VR虛擬環境中觀賞真實品種

3D植物模型

掃描QR code 觀察立體結構

參考文獻

1. Hu, X. -Y., Wei, X., Zhou, Y. -Q., Liu, X. -W., Li, J. -X., Zhang, W., Wang, C. -B., Zhang, L. -Y., & Zhou, Y. (2020). *Genus Alangium* – A review on its traditional uses, phytochemistry and pharmacological activities. *Fitoterapia, 147*, Article 104773. https://doi.org/10.1016/j.fitote.2020.104773

2. Yue, Y. -D., Xiang, Z. -N., & Chen, J. -C. (2022). Two new compounds with anti-inflammatory activity from *Alangium chinense*. *Natural Product Research, 36*(4), 891–895. https://doi.org/10.1080/14786419.2020.1843033

# 九里香

中文常用名稱： **九里香**
英文常用名稱： Orange-jessamine
學名　　　　： *Murraya exotica* L.
科名　　　　： **芸香科 Rutaceae**

## 關於九里香

九里香在本地是非常常見的園藝種，常栽培成 1 至 2 米的小型喬木，是容易管理的栽培種。因其分枝的生長力強，可修剪及塑造成不同的樹冠形狀，在庭園扮演綠籬笆和大型盆景的角色。雖然本種常用作為觀賞植物，其藥用價值亦不容忽視，本種的葉和嫩枝可用作中藥用途，因此每年都可收採枝葉兩次，再者本種是多年生，能持續使用。藥材主產地福建、廣東和廣西等地。有小毒，功能行氣活血，祛風除濕。

## 生長形態

常綠小喬木 Evergreen Small Tree

### 樹幹

- 灰白或淡黃灰色
  Greyish white or pale yellowish grey
- 具裂紋 Fissured
- 沒有剝落 Not flaky

### 葉

- 葉序：互生 Alternate
- 複葉狀態：奇數一回羽狀複葉 Odd-pinnately compound leaf
- 小葉邊緣：具齒 Teeth present
- 小葉葉形：倒卵形、倒卵狀橢圓形，兩端尖細
  Obovate or obvate elliptic with pointed ends
- 葉質地：革質 Leathery

### 花

- 主要顏色：白色 White ○
- 花期： 1 2 3 **4 5 6 7 8** 9 10 11 12

### 果

- 形狀：近球狀 Subglobose
- 主要顏色：紅色 Red ●
- 果期： 1 2 3 4 5 6 7 8 **9 10 11 12**

### 其他辨認特徵

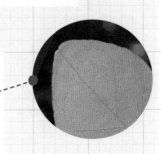

- 花具濃郁芳香氣味
- 葉片具油腺點，搓揉後有香味
- 葉面有光澤，呈綠色，葉底淡綠色，
  中脈於表面略凹下，兩面光滑無毛

❶ 花聚生在枝條頂端或枝條分枝之間。花冠有花瓣5片,長橢圓形。

❷❸ 花冠中央有10條雄蕊,較花瓣相比較為短。正中央為雌蕊,花柱白綠色,柱頭白綠色。

❹ 果實為漿果狀,長約0.8至1.2厘米,直徑約0.6至1厘米;表面有油腺點,因此也有香氣。

❺ 果實未成熟時為綠色。

❻ 在喬木狀態時,主幹不高大,最高約8米,枝葉茂密。

❼ 常見栽種為園藝觀賞植株,因經常被修剪而成灌木狀態,出現在各大小市區園圃、路邊或公園內。

❽ 花多繁密,香氣宜人,果實鮮紅奪目,是良好的園藝物種。圖中植株位於中大校友徑附近。

植物在中大　在VR虛擬環境中觀賞真實品種

3D植物模型　掃描QR code觀察立體結構

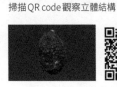

參考文獻

1. da Silva, F. F. A., Fernandes, C. C., Santiago, M. B., Martins, C. H. G., Vieira, T. M., Crotti, A. E. M., & Miranda, M. L. D. (2020). Chemical composition and in vitro antibacterial activity of essential oils from *Murraya paniculata* (L.) jack (rutaceae) ripe and unripe fruits against bacterial genera mycobacterium and streptococcus. *Brazilian Journal of Pharmaceutical Sciences, 56*, 1–9, Article e18371. https://doi.org/10.1590/s2175-97902019000418371

2. Deepa, J., & Kashmira J., G. (2023). A brief review on *Murraya paniculata* (Orange Jasmine): pharmacognosy, phytochemistry and ethanomedicinal uses. *Journal of pharmacopuncture, 26*(1), 10–17. https://doi.org/10.3831/KPI.2023.26.1.10

# 水石榕

中文常用名稱： **水石榕**

英文常用名稱： **Hainan Elaeocarpus**

學名 ： *Elaeocarpus hainanensis* Oliv.

科名 ： **杜英科 Elaeocarpaceae**

## 關於水石榕

本種原產於中國中南及東部地區、泰國、越南等地，非常適應潮濕炎熱的氣候，引進香港作為園藝觀賞。水石榕是小型喬木，常長於數米之內，能於近距離觀察其花果，可增加公眾的對植物學習及保育的意識。本種的樹冠平展廣闊，在中層綠化甚具優勢，再者其樹身較矮小，構成嚴重意外的風險較低。葉革質，近常綠及少落葉，都是優良的庭園樹種的條件。

### 生長形態

常綠小喬木 Evergreen Small Tree

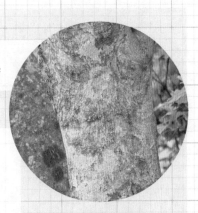

### 樹幹

- 淺灰褐色 Light greyish brown
- 不具條紋 Not Striated
- 不具裂紋 Not fissured
- 沒有剝落 Not flaky

### 葉

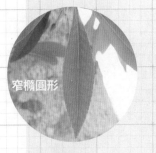

窄橢圓形

- 葉序：互生 Alternate
- 複葉狀態：單葉 Simple leaf
- 葉邊緣：具齒 Teeth present
- 葉形：窄橢圓形、橢圓狀倒披針形，兩端尖細
  Narrowly elliptic, elliptic oblanceolate with pointed ends
- 葉質地：革質 Leathery

### 花

- 主要顏色：白色 White ○
- 花期： 1 2 3 4 5 6 7 8 9 10 11 12

### 果

- 形狀：紡錘狀 Fusiform
- 主要顏色：綠褐色 Greenish brown ●
- 果期： 1 2 3 4 5 6 7 8 9 10 11 12

### 其他辨認特徵

- 葉片呈鋸齒狀邊緣
- 葉聚生於枝頂

❶ 花冠向下垂，花瓣前端有像撕裂的現象；花蕾的外形像錐體，花梗約4厘米長。

❷ 花冠中央有10條以上與花瓣長度相若的雄蕊，雌蕊相對較短，表面有毛。

❸ 受粉後花冠脫落，逐漸發育成果實時的狀態。

❹ 果實為核果，長約4厘米，成熟後變成褐色。

❺ 花期時花多而茂密，吸引不少昆蟲採蜜。

❻ 通常以小喬木狀態生長，主幹明顯，枝條葉片茂密，通常不超過12米。

❼ 如欲近距離觀賞水石榕，位於大埔元洲仔公園入口的植株是不錯的選擇。

❽ 外來物種，主要栽種為園藝植株，常見於公園、廣場及花圃等。

在VR虛擬環境中觀賞真實品種

植物在中大

3D植物模型

掃描QR code觀察立體結構

# 大花紫薇

中文常用名稱： **大花紫薇、洋紫薇**
英文常用名稱： Queen Crape Myrtle
學名　　　　： *Lagerstroemia speciosa* (L.) Pers.
科名　　　　： **千屈菜科** Lythraceae

## 關於大花紫薇

大花紫薇雖較常見栽種於庭園及路旁，但受香港法例第96A章《林務規例》所管制及保護。本種在香港生長常為中小型喬木，野生高可達二十多米。其木材優質，耐腐力強，可作多方面的工業使用。樹皮具瀉藥成分，種子具有麻醉性，根可作收斂劑。近年亦有多範疇的藥理研究，例如糖尿病的控制。

# 基本特徵資料

## 生長形態

落葉喬木 Deciduous Tree

## 樹幹

- 灰褐色 Greyish brown
- 具裂紋 Fissured
- 有剝落 Flaky

## 葉

橢圓形

長圓形

- 葉序：近對生 Subopposite
- 複葉狀態：單葉 Simple leaf
- 葉邊緣：不具齒 Teeth absent
- 葉形：長圓形或橢圓形 Oblong or elliptic
- 葉質地：革質 Leathery

## 花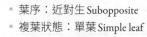

- 主要顏色：薰衣草紫色 Lavender ●
- 花期： 1 2 3 4 **5 6 7** 8 9 10 11 12

## 果

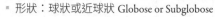

- 形狀：球狀或近球狀 Globose or Subglobose
- 主要顏色：灰褐色 Greyish brown ●
- 果期： 1 2 3 4 5 6 7 8 9 **10 11** 12

## 其他辨認特徵

- 葉側脈明顯

❶ 主幹高大，最高可達25米，枝葉茂密。圖中為
大花紫薇在中大的生長狀態。

❷ 外來物種，多栽種作為園藝及行道樹，常見於
公園、廣場花圃及公路旁，冬季時葉片轉紅。

❸ 小葵花鳳頭鸚鵡正在吃果實。

❹ 花通常生長在枝條頂端，茂密繁多；花中的雄蕊
及雌蕊發育完全，花萼及花冠明顯，是完全花。

❺ 花瓣5至6片，雄蕊密集，有數十枚以上；雌蕊
1枚，藏於雄蕊叢中。

❻ 花芽時期已吸引不同的昆蟲，特別是蜂類。

❼ 果實為蒴果，長約2至4厘米，直徑約2厘米；
果實成熟後會裂開成6邊，每邊內藏多枚種子。

❽ 種子頂端有翅，長約10至15毫米。

植物在中大

在VR虛擬環境中觀賞真實品種

３Ｄ植物模型

掃描QR code觀察立體結構

參考文獻

1. Chan, E. W. C., Wong, S. K., & Chan, H. T. (2022). An Overview of the Phenolic Constituents and Pharmacological Properties of Extracts and Compounds from *Lagerstroemia speciosa* Leaves. *Tropical Journal of Natural Product Research, 6*(4), 470–479.

2. Goyal, S., Sharma, M., & Sharma, R. (2022). Bioactive compound from *Lagerstroemia speciosa*: activating apoptotic machinery in pancreatic cancer cells. *3 Biotech, 12*(4), Article 96. https://doi.org/10.1007/s13205-022-03155-w

3. Venkateswarulu, T. C, Vajiha, Krupanidhi, S., Mikkili, I., Angelina, J., John Babu, D., & Peele, K. A. (2023). *In silico* study on evaluation of corosolic acid of *Lagerstroemia speciosa* against Alzheimer's disease. *Arab Gulf Journal of Scientific Research. 41*(2), 175–182, from https://doi.org/10.1108/AGJSR-04-2022-0039

# 雨樹

中文常用名稱： **雨樹**
英文常用名稱： Rain Tree
學名　　　： *Samanea saman* ( Jacq.) Merr.
科名　　　： **豆科 Fabaceae**

## 關於雨樹

雨樹是引種的觀賞喬木，樹冠廣闊，是良好的遮蔭樹種。原產熱帶美洲，其他國家有廣泛種植，其果實可製成動物飼料。在越南、泰國等地有栽培本種用作為養殖紫膠介殼蟲的寄主，從而收採紫膠，可作食品添加劑，亦可作為絲綢深紅色的染料。近來研究發現其果實可混合小麥製成混合麵粉，可供食用，有助增加糧食供應量。

## 生長形態

落葉喬木 Deciduous Tree

## 樹幹

- 深褐色 Dark brown
- 具裂紋 Fissured
- 有剝落 Flaky
- 不具皮刺 Prickle absent

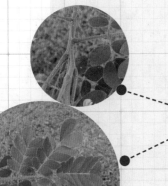

## 葉

- 葉序：互生 Alternate
- 複葉狀態：偶數二回羽狀複葉 Even-bipinnately compound leaf
- 小葉邊緣：不具齒 Teeth absent
- 小葉葉形：長圓形 Oblong
- 小葉質地：紙質 Papery

## 花

- 主要顏色：紫紅色 Purplish pink ●
- 花期：

## 果

- 形狀：近圓柱狀 Subcylindrical
- 主要顏色：綠色，成熟時變成黑色
  Green, black when ripe ●
- 果期： 1 2 3 4 5 6 7 8 9 10 11 12

## 其他辨認特徵

- 葉緣具睫毛
- 小葉片左右不對稱

❶ 主幹非常高大，最高可達25米，夏天葉片茂密。圖中雨樹位在中大本部科學館附近，已經生長超過40年。

❷ 在冬季或氣溫較冷時會落葉，圖為雨樹在完全落葉後的狀態。

❸ 作為園藝物種，常見於公園或廣場花圃，圖中的植株位於維多利亞公園。

❹ 花有時單獨或一簇簇生於樹冠中枝條分枝位置之間。由於樹冠位於高處，加上葉片在夏季非常茂密，有時即使花季已到，已盛放的花亦不易被發現。

❺ 在香港及東南亞地區中常見的雨樹，其中最顯眼紫紅色的細長狀結構，是雄蕊的花絲。雨樹每朵花有大約20枚雄蕊，圖中所見是多朵花聚生在一起時的狀態。

❻ 合歡類植物每天黃昏後，羽狀複葉就會如含羞草般閉合。

參考文獻

1. Amankwah, N. Y. A., Agbenorhevi, J. K., & Rockson, M. A. D. (2022). Physicochemical and functional properties of wheat-rain tree (*Samanea saman*) pod composite flours. *International Journal of Food Properties, 25*(1), 1317–1327. https://doi.org/10.1080/10942912.2022.2077367.

# 紫薇

中文常用名稱： **紫薇**
英文常用名稱： **Common Crape Myrtle, Crape Myrtle**
學名　　　　：　*Lagerstroemia indica L.*
科名　　　　：　**千屈菜科 Lythraceae**

## 關於紫薇

紫薇在本地及熱帶地區廣泛栽培為觀賞種，原產地包括中國東南部、緬甸、尼泊爾、越南等地。花色鮮艷，花期長，枝條有多變化的生長，樹齡能達200年，可栽培成盆景及園景景觀。傳統民間使用花為瀉劑，最新藥理研究發現花提取物可控制血糖及膽固醇，亦有殺菌作用，但會否引致腹瀉的副作用仍有待證實。

# 基本特徵資料

## 生長形態

落葉灌木或小喬木 Deciduous Shrub or Small Tree

## 樹幹

- 灰色或灰褐色 Grey or greyish brown
- 不具條紋 Striated absent
- 有剝落 Flaky

## 葉

- 葉序：近對生 Subopposite
- 複葉狀態：單葉 Simple leaf
- 葉邊緣：不具齒 Teeth absent
- 葉形：橢圓形或倒卵形 Elliptic or obovate
- 葉質地：革質 Leathery

## 花

- 主要顏色：粉紅紫色 Purplish pink ●
- 花期： 1 2 3 4 5 **6 7 8** 9 10 11 12

## 果

- 形狀：球狀 Globose
- 主要顏色：成熟時紫黑色
  Purplish black when ripe ●
- 果期： 1 2 3 4 5 6 **7 8 9 10** 11 12

## 其他辨認特徵

- 葉尖有時微凹
- 葉柄十分短，幾乎無柄
- 小枝常紅褐色

① 花聚生於枝條頂端，花多茂密。

② 花由花萼和6片通常皺縮的花瓣所組成。

③ 種子有翅，長約8毫米。

④ 果實為蒴果，成熟後會裂開成幾邊。

⑤ 環繞著果實外的多塊三角形薄片，是殘留的花萼結構。

⑥ 夏天花期來臨，奪目的紫紅色花群為夏日增添一點優雅的美感。

⑦ 冬季時，植株因為完全落葉，看起有一種冬日蕭條的狀態。

⑧ 栽種作為園藝植株時，多保持以灌木形態生長。

掃描QR code 觀察立體結構

３Ｄ植物模型

在VR虛擬環境中觀賞真實品種

植物在中大

參考文獻

1. Chang, M., Ahmed, A. F., & Cui, L. (2023). The hypoglycemic effect of Lagerstroemia indica L. and *Lagerstroemia indica* L. f. alba (Nichols.) Rehd. in vitro and in vivo. *Journal of Future Foods, 3*(3), 273–277. https://doi.org/10.1016/j.jfutfo.2023.02.008

2. Wei, Q., & Liu, R. -J. (2022). Flower colour and essential oil compositions, antibacterial activities in *Lagerstroemia indica* L. *Natural Product Research, 36*(8), 2145–2148. https://doi.org/10.1080/14786419.2020.1843034

# 香港中文大學校園
# 100種植物導覽地圖

Ⓐ 桑 / p.2
Ⓑ 雞蛋花 / p.6
Ⓒ 鳳凰木 / p.10
Ⓓ 珊瑚樹 / p.14

Ⓔ 愛氏松 / p.18

Ⓕ 杧果 / p.22
Ⓖ 黃槿 / p.26
Ⓗ 雙翼豆 / p.30
Ⓘ 鐵刀木 / p.34
Ⓙ 枇杷 / p.38
Ⓚ 龍眼 / p.42

可用流動裝置掃描二維碼，以使用即時身處位置標示地圖功能，協助尋找標示植物的位置

夏

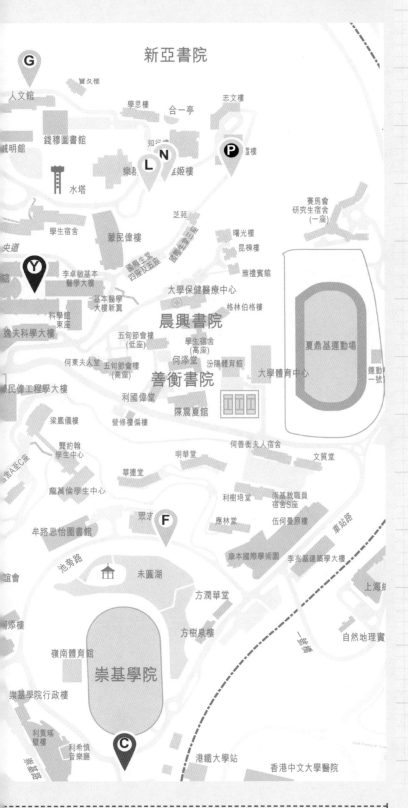

L 潺槁樹 / p.46
M 破布葉 / p.50
N 豺皮樟 / p.54
O 大樹菠蘿 / p.58

P 紅膠木 / p.62
Q 木荷 / p.66
R 基及樹 / p.70
S 白蘭 / p.74
T 八角楓 / p.78
U 九里香 / p.82
V 水石榕 / p.86

W 大花紫薇 / p.90
X 雨樹 / p.94
Y 紫薇 / p.98

# 團隊簡介

**劉大偉** 作者

香港中文大學生命科學學院胡秀英植物標本館館長

植物學家，曾參與多項有關植物分類學、草藥鑒定及藥理學的研究項目，專責管理「香港植物及植被」計劃。教研興趣包括本港生物多樣性、植物分類學、中藥鑒定及草藥園藝。

**王天行** 作者、編輯

香港中文大學生命科學學院胡秀英植物標本館教育經理

畢業於千禧年代的香港中文大學生物系，在 STEAM 教育工作有豐富經驗，曾參與建立香港植物及植被數據庫。十多年來製作或參與多個大型科普教育平台和教育計劃，希望透過科普教育將植物的科學知識傳遞給市民大眾，是胡秀英植物標本館「植物學 STEAM 教育計劃」的成員。

**吳欣娘** 作者

香港中文大學生命科學學院胡秀英植物標本館教研助理

畢業於香港科技大學。從小已對動植物感到好奇，愛在公園、山頭野嶺四處走動，喜愛繪畫和攝影以記下自然中的美。在館內參與關於植物的教研工作，「一沙一世界，一花一天堂」，希望透過本書令大眾及植物愛好者更認識和欣賞一直陪伴在我們身邊的一草一木。

**王顥霖** 3D 模型繪圖師

香港中文大學生命科學學院胡秀英植物標本館科研統籌員

香港大學環境管理碩士，日常工作涉及野外植物觀察和記錄、植物標本採集、植物辨識和鑒定等。研究範疇包括以 3D 技術記錄植物果實和種子的外形結構特徵，並建立虛擬 3D 果實種子資料庫。曾參與籌備的科研教育活動，包括 VR 植物研習徑、中小學植物學習課程等。

# 鳴　謝

----------------------------------------------------------------

## 贊助出版

伍絜宜慈善基金

## 協助及出版

香港中文大學出版社
編輯：冼懿穎
美術統籌：曹芷昕
插畫及排版：陳素珊

## 文字整理及編輯協助

| | |
|---|---|
| 李志皓 | 梁焯彥 |
| 李榮杰 | 湯文英 |
| 吳美寶 | 黃思恆 |
| 紀諾儀 | 葉芷瑜 |

## 植物照片拍攝

| | |
|---|---|
| 王天行 | 陳耀文 |
| 王曉欣 | 湯文英 |
| 王顥霖 | 曾淳琪 |
| 吳欣娘 | 黃思恆 |
| 李志皓 | 黃鈞豪 |
| 李敏貞 | 葉芷瑜 |
| 周祥明 | 劉大偉 |

## 虛擬植物生長環境拍攝

王天行
湯文英
黃思恆
葉芷瑜

（人名按筆劃排序）